AF338048

ÉCOLE D'APPLICATION DE L'ARTILLERIE ET DU GÉNIE.

COURS DE TOPOGRAPHIE.

INSTRUCTION SPÉCIALE

SUR

le Lever de Fortification à la Planchette,

Présentée par le Capitaine du Génie Goulier, Professeur de Topographie et approuvée par décision du Conseil d'Instruction, du 13 Juin 1848.

METZ,

IMPRIMERIE ET LITHOGRAPHIE DE NOUVIAN,

AU BAS DE LA RUE TÊTE-D'OR.

1848.

LEVER DE FORTIFICATION A LA PLANCHETTE.

Feuilleton N.°

BIBLIOTHÈQUE NATIONALE
R.F.
IMPRIMÉS.

Echelle de $\frac{1}{5\,000}$.

Dimensions du cadre $\begin{cases} \textit{Largeur} & \textit{Mètres.} \\ \textit{Hauteur} & \textit{Mètres.} \end{cases}$

Point de repère pour le nivellement.

1848

PROGRAMME PARTICULIER DU LEVER DE DÉTAIL.

COURS DE TOPOGRAPHIE.

INSTRUction SPÉCIALE

SUR LE

LEVER DE FORTIFICATION A LA PLANCHETTE,

Présentée par le Capitaine du Génie GOULIER, Professeur de topographie, et approuvée par décision du Conseil d'instruction, le 13 juin 1848.

Le travail se compose de trois parties distinctes :

1.° Exécution d'un plan nivelé, à l'échelle de $\frac{1}{1\,000}$, d'une partie des fortifications de Metz et du terrain voisin, indiquée sur le feuilleton de distribution ci-joint. Les instruments employés sont la planchette et le niveau à bulle d'air et à la lunette. La minute doit comprendre (pour les Élèves du Génie seulement) le plan nivelé des mines que l'on exécute avec la boussole et le niveau d'eau.

Les Élèves sont groupés deux à deux pour cette première partie du travail.

2.° Exécution, d'après des croquis cotés, de dessins de détails à grande échelle, décrivant par plans, coupes et élévations, des objets tels que portes, ponts, écluses, casemates, etc., et qui ne sont pas suffisamment définis dans la minute du lever.

3.° Rédaction d'un mémoire dans lequel la fortification est examinée au double point de vue de son état et de sa défense.

Ces deux dernières parties du travail sont individuelles pour chacun des Élèves.

Le travail se divise en *travail extérieur* et *travail de rédaction* dans les salles d'étude.

1*

Chapitre 1.er

PROGRAMME DU TRAVAIL EXTÉRIEUR.

§ 1.er **Programme général.**

1. Le travail extérieur comprend :

1.° *Le lever et la construction complète sur le terrain du plan au crayon ;*

2.° *Le lever de mines ;*

3.° *L'exécution complète du nivellement ;*

4.° *L'exécution des croquis cotés du détail particulier indiqué sur la première feuille de ce cahier ;*

5.° *L'inscription des notes nécessaires à la rédaction du mémoire dont le programme est indiqué ci-après* (Chap. 5, § 7).

2. Les registres de nivellement seront tenus et passés à l'encre sur le papier joint à cette instruction. Le nivellement des points de repères sera reproduit sur les deux cahiers des Élèves qui travaillent ensemble ; le nivellement de détail sera inscrit par moitié sur chacun des deux cahiers.

Les croquis cotés du lever des mines et ceux du détail particulier seront dessinés et passés à l'encre, et les notes pour la rédaction du mémoire seront écrites sur le papier joint à cette instruction.

Toutes les mises à l'encre se feront jour par jour pendant la durée du travail extérieur.

§ 2. **Exécution au crayon du dessin de plan.**

Plan de la fortification.

3. La fortification sera représentée par la projection horizontale de ses arêtes *dans l'état où elle se trouve actuellement.* Ces arêtes sont

généralement arrondies; mais pour le lever et pour le dessin, on rectifiera la fortication en prenant pour arêtes les intersections communes
des talus adjacents, comme il est indiqué sur le profil ci-contre. Cette
rectification, que l'on fera généralement à vue, permettra souvent
d'exprimer la berme, quoiqu'elle soit actuellement couverte de terres
et la banquette, quoiqu'elle soit à peine indiquée par un léger mouvement dans le talus général qui joint la crête intérieure avec le
terre-plein du rempart.

4. On représentera de même les rampes, barbettes, plate-formes,
embrasures, traverses, dans leur état actuel, simplement *rectifié*
mais non *restauré*, en substituant généralement, à l'objet actuel, un
corps polyédrique à faces planes dont toutes les arêtes seront projetées,
et qui s'approchera autant que possible de la forme actuelle, tout en
conservant de l'analogie avec la forme primitive.

5. Si quelques objets ne présentaient plus aucune trace des formes
de la fortification ou de plans régulièrement dressés, on les expri-
merait par la projection *en pointillé* de leurs arêtes irrégulières, et par
des courbes horizontales, à l'équidistance de 1 mètre, tracées à vue
d'après un certain nombre de cotes prises sur les points principaux,
ou par des hachures, lorsque les dimensions seront trop faibles pour
que la définition par courbes soit suffisamment claire. (*Voyez les exemples ci-contre.*)

6. Quelquefois les profils en maçonnerie qui terminent certaines
faces d'ouvrages sont en désaccord avec les parapets adjacents. On
projettera alors séparément le parapet et le profil; mais lorsque ce désaccord n'existera pas, les profils en maçonnerie ne seront exprimés
que par un seul trait brisé, projection de l'intersection du plan du
mur avec les plans du parapet. (*Voyez les exemples ci-contre.*)

7. Les souterrains, poternes, aqueducs, etc., seront dessinés en
pointillé par la projection des parements dans-œuvre des maçonneries.

8. Les massifs de maisons particulières seront dessinés par la projection de leur contour, sans séparation des différentes propriétés;
mais les constructions ou édifices militaires, civils ou religieux seront

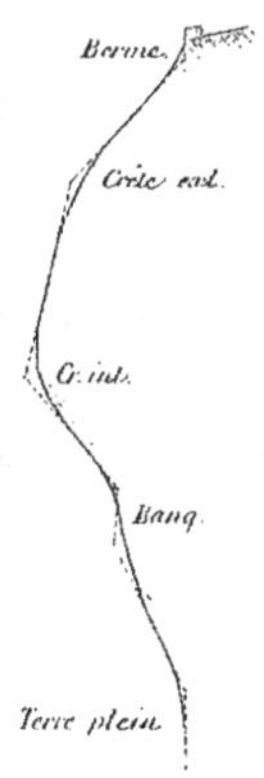

Objets irréguliers.

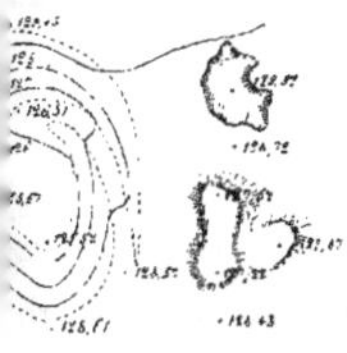

Profils en maçonnerie.

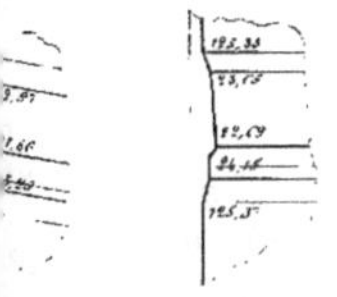

Constructions souterraines.

Maisons particulières.

Édifices publics.

exprimés par la ligne détaillée de leur hors-œuvre et par la projection des arêtes des toits.

Voie publique. 9. Sur la voie publique, on marquera la limite des pavés et des trottoirs, et les ruisseaux.

Cultures. 10. On levera et l'on dessinera les limites des masses de culture, les haies, murs de clôtures, palissades, etc. Les cultures seront indiquées par leurs noms.

Autres détails topographiques. 11. On projettera toutes les routes, chemins, sentiers, avec leurs fossés et talus, les cours d'eau avec leurs berges et ouvrages d'art, etc. enfin tous les détails topographiques compris dans le cadre du lever.

Plantations. 12. Toutes les plantations, tant en dedans qu'en dehors de la fortification, seront exprimées au moins approximativement.

Orientation du plan. 13. On tracera sur le plan la direction du méridien magnétique, de laquelle on devra conclure plus tard celle du nord vrai.

§ 3. Programme détaillé du nivellement.

Plan de comparaison. 14. Toutes les cotes seront rapportées au plan supérieur de comparaison adopté dans la place de Metz : ce plan passe à 200 mètres au-dessus de l'inondation de la Seille, dont le niveau est indiqué sur l'écluse des arêtes. Pour cela, chaque feuilleton indique la cote d'un point remarquable compris dans le lever.

Nivellement de la fortification. 15. Des cotes de niveau seront prises à chacune des extrémités des grandes arêtes rectilignes de la fortification : magistrales, crêtes, banquettes, pieds des talus de banquette, limite du terre-plein, pied du talus du rempart, pied et sommet des rampes, pied des murs, bords et fond des cunettes, etc.. Sur les terrassements on ne prendra pas les cotes des arêtes arrondies actuelles, mais celles des arêtes rectifiées comme il a été expliqué ci-dessus (n.° 3), dont les positions se jugeront assez exactement à vue.

16. Sur les terre-pleins des plate-formes, barbettes ou autres petits objets, une seule cote exprimant la hauteur moyenne sera suffisante.

Profils en maçonnerie.

17. Pour les profils en maçonnerie, en désaccord avec les parapets adjacents, on prendra deux séries de cotes, les unes sur les arêtes de la maçonnerie, les autres sur les arêtes du terrassement (n.° 6).

Objets irréguliers.

18. Les objets irréguliers (n.° 5) seront cotés en quelques points principaux, assez nombreux pour qu'on puisse déduire de ces cotes, sans incertitude, les courbes horizontales qui doivent les décrire.

Rues, cours, places.

19. Les rues, cours et places seront cotées aux pieds des murs, sur les bordures de trottoirs, dans les ruisseaux et sur les arêtes saillantes ou points culminants.

Nivellement des glacis et du terrain.

20. Les glacis et le terrain en avant seront définis par des courbes horizontales à l'équidistance de 1 mètre; mais, dans certains cas qui seront spécifiés sur le feuilleton, pour ne pas trop augmenter le travail, ces sections seront levées de 2 mètres en 2 mètres seulement, et les courbes intercalaires seront tracées à vue à l'inspection du terrain.

Terre-pleins des ouvrages.

21. Les terre-pleins des ouvrages, que leur grandeur ou leur irrégularité ne permettraient pas de définir par les cotes des lignes qui les terminent, seront de même décrits par des sections horizontales à l'équidistance de 1 mètre.

Nivellement des terrains plats.

22. Les terrains plats, dont la forme ne peut être exprimée par des courbes horizontales à l'équidistance de 1 mètre, seront définis par des cotes situées de distance en distance sur les lignes de ces terrains qui existeraient sur le plan, et, dans l'intervalle compris entre ces lignes, par des cotes situées aux sommets d'un réseau quadrangulaire de 50 mètres de côté.

Nivellement des terrains couverts par les eaux.

23. Les terrains couverts par les eaux seront de même définis, dans les cas spécifiés au feuilleton, par des cotes isolées situées sur des profils et plus ou moins rapprochées suivant l'irrégularité du fond. Ces profils seront distants au plus de 50 mètres.

Fossés pleins d'eau.

Dans tous les cas, pour les fossés pleins d'eau, on prendra de distance en distance des cotes du fond, au pied des murs et dans le milieu des fossés.

Cotes de la surface de l'eau.

24. On prendra la cote des eaux actuelles et, quand on pourra se les procurer, celles des hautes eaux et des bases eaux.

§ 4. Programme du lever et du nivellement des mines.

Plan des mines. 25. Le plan des mines sera levé à la boussole. Il indiquera la largeur des galeries, les entrées de rameaux, les tambours, guérites et magasins. Toutes les mesures seront consignées sur des croquis.

Nivellement des mines. 26. A chaque changement de direction des galeries, soit dans le sens horizontal, soit dans le sens vertical et aux extrémités de ces galeries, on prendra deux cotes, celle du sol de la galerie et celle du ciel ou clef de la voûte.

§ 5. Programme des croquis du détail particulier.

Ce que les croquis doivent indiquer. 27. Les croquis devront être complets pour le détail à lever, c'est-à-dire, qu'ils devront définir les objets de telle sorte que l'on ait tous les éléments nécessaires pour en construire d'exactement semblables.

Ils devront donc indiquer les appareils des pierres de taille, les détails des moulures, les assemblages des pièces de bois et des ferrures, autant du moins qu'on pourra les voir ou les soupçonner en les étudiant. Les points principaux porteront des cotes rapportées au plan général de comparaison.

Croquis généraux. Croquis de détail. 28. Ils se composeront de croquis généraux à petite échelle, comme le $\frac{1}{100}$ ou le $\frac{1}{200}$, sur lesquels on indiquera les dimensions des masses de l'objet, et de croquis détaillés des moulures, ferrures et assemblages, à des échelles qui varieront entre le $\frac{1}{50}$ et le $\frac{1}{5}$. Les croquis seront exécutés avec soin, en s'aidant du double décimètre, et ils seront passés nettement à l'encre.

§ 6. Notes à prendre pour le mémoire.

29. Ces notes résulteront de l'examen détaillé que l'on fera de chacune des parties de la fortification à lever, pour répondre aux diverses questions posées dans le programme du mémoire détaillé ci-après, (5.ᵉ Ch. § 7).

Chapitre 2.

EXÉCUTION DU LEVER DU PLAN.

§ 1.ᵉʳ Du canevas de la planimétrie.

Du canevas.

30. Les détails se rapportent, comme il sera expliqué plus bas, (§ 5), à des lignes droites convenablement choisies qui constituent le *canevas* du lever.

Ces lignes seront déterminées sur le terrain, par des piquets placés à leurs intersections mutuelles, de sorte que le canevas se composera d'une série de lignes polygonales.

du canevas pour les parapets.

31. Pour les parapets, les lignes de canevas seront établies sur les plongées, parallèlement aux magistrales (1) toutes les fois que cela sera possible, et à 3, 4, 5 ou 6 mètres de celles-ci, suivant les cas.

Ces lignes devront s'approcher plutôt de la crête intérieure que de la crête extérieure.

Lorsqu'une face d'ouvrage aura de faibles brisures, on choisira la ligne de canevas arbitrairement, de manière qu'elle soit tout entière comprise dans la plongée.

contrescarpes et les gorges des ouvrages.

32. Pour les murs dont la crête est brisée en plan, comme les gorges des ouvrages et les contrescarpes, les lignes de canevas seront établies parallèlement aux *pieds des murs* et à 3 mètres de distance de ceux-ci.

ur les chemins couverts.

33. Pour les crêtes des chemins couverts, on tracera des lignes droites passant à 2 mètres environ en dehors des saillies des crochets.

Pour les traverses des chemins couverts, les lignes de canevas correspondront généralement à leur crête intérieure et seront déterminées par deux piquets situés, l'un sur la ligne de canevas de la contrescarpe,

---

(1) On peut faire le lever sans établir à l'avance ce parallélisme; mais comme il est très-important d'avoir avec exactitude la position des maçonneries, et comme en définitive, il faut toujours mesurer la distance du canevas à la magistrale, il est plus avantageux d'opérer comme il est prescrit ici.

2

l'autre sur celle du glacis. En disposant ainsi ces deux lignes de piquets dans deux plans verticaux, on se ménage des vérifications pour le lever.

Les traverses de défilement auront aussi des lignes de canevas situées dans leur axe.

Pour les détails du terrain. 34. Pour les détails du terrain : routes, rues, bords de rivières, limites des masses de culture, etc., le canevas sera choisi de manière à multiplier le moins possible les sommets des lignes polygonales qui le composeront, et de telle sorte que ces détails puissent facilement y être rapportés par abscisses et par ordonnées.

Croquis du canevas. 35. On fera un croquis du canevas, sur lequel on donnera à chaque point un numéro particulier, et où l'on inscrira les distances de ces points aux lignes de la maçonnerie.

Projet des opérations du lever. En même temps qu'on piquettera le canevas, on fera le projet des opérations du lever comme il est expliqué ci-après , n.° 46.

§ 2. **Du choix et de la mesure des bases.**

36. Le lever du canevas se fera principalement *par intersections,* avec la planchette (1).

De la base. Pour cela on mesurera et on lèvera par cheminement quelques lignes du canevas qui serviront de *base.*

Choix de la base. 37. Il faut bien choisir la base pour recouper les points de la manière la plus avantageuse : le corps de place étant construit de manière à dominer les ouvrages extérieurs et à croiser ses feux devant eux, le

---

(1) La forme du canevas , dans un lever de fortification, est à peu près indépendante des instruments employés au lever. La présence des fossés nécessitant la détermination des points par intersections, la planchette est l'instrument le plus convenable pour ce lever. Mais il est embarassant et souvent inexact dans les parties où l'on est forcé de faire des cheminements dont les côtés sont très-courts. Dans ce cas, la boussole serait l'instrument le plus avantageux, à la condition toutefois qu'on construisît sur place. Une combinaison intelligente de l'emploi de la planchette et de la boussole est donc la meilleure manière de lever un plan peu étendu de fortification. — A l'école nous adoptons la planchette seule, comme exercice sur son emploi et pour en montrer toutes les ressources.

canevas tracé sur ses plongées se trouvera généralement bien situé pour remplir ce but. Quelquefois cependant il sera plus avantageux de choisir la base sur les glacis, lorsque l'on pourra ainsi obtenir des lignes plus longues ou plus faciles à mesurer. L'examen des localités et du feuilleton du lever fixera le choix à cet égard.

La base sera donc généralement un cheminement polygonal. Elle devra avoir une longueur au moins égale à la moitié du côté du cadre. Lorsque la base pourra être une ligne droite, il faudra la décomposer en plusieurs parties, afin de pouvoir faire sur cette base des stations assez multipliées, pour déterminer les points en dehors par de bonnes intersections et par trois directions au moins sur chaque point (N.ᵒˢ 43 et 44).

38. Lorsque la base sera située sur un terrain irrégulier, on la mesurera *horizontalement* avec des quadruple-mètres, que l'on mettra de niveau à vue. Lorsqu'elle sera située sur un terrain uni, on la mesurera à la chaîne *en suivant la pente du terrain.* On recommencera deux fois la mesure en sens inverse, en mettant alternativement chaque chaîneur en avant. Si les deux mesures différaient de plus de 10 centimètres pour 100 mètres, cela dénoterait une faute, et il faudrait recommencer la mesure. Dans le cas contraire, on prendra la moyenne des deux opérations.

39. Les chaînes s'allongent souvent de plusieurs centimètres par l'user. Avant de commencer les mesures avec cet instrument il faut le vérifier. Pour cela on mesure, sur un terrain uni, une longueur de 60 à 80 mètres, successivement avec la chaîne et les quadruple-mètres, en répétant chacune de ces opérations deux fois : on en conclut l'erreur que l'on commet dans les mesurages à la chaîne sur une longueur de 10 mètres, et on en tient compte dans toutes les mesures.

40. Pour construire sur la planchette la ligne mesurée, il faut la réduire à l'horizon. Pour cela il faut connaître la pente de cette ligne. Cette détermination, qui n'a pas besoin d'être très-précise, pourra se faire de la manière suivante :

2 *

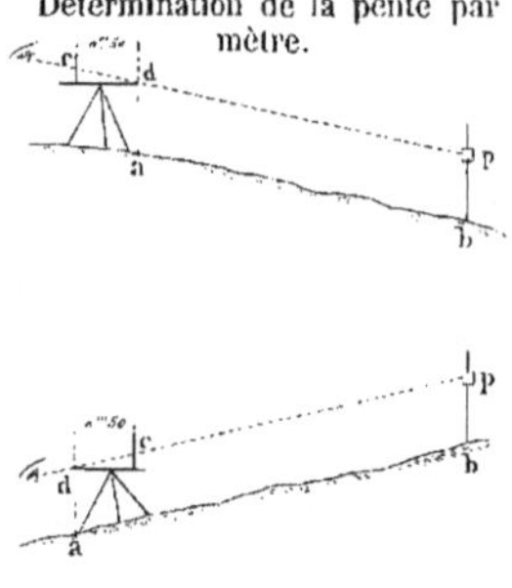

Détermination de la pente par mètre.

Calcul de réduction.

41. On rend la planchette horizontale à l'une des extrémités *a* de la ligne, l'un des côtés du cadre étant perpendiculaire à cette ligne. On fait porter sur l'autre extrémité *b*, un jalon sur lequel on repère, avec un morceau de papier, une hauteur égale à celle de la planchette au-dessus du terrain. Puis on remarque, sur un crayon placé à 0^m,50 de l'un des bords de la planchette, le point de rencontre *c* du rayon visuel rasant ce bord *d* et aboutissant au repère *p* du jalon. La longueur *h* du crayon, comprise entre le point *c* et la planchette, étant multipliée par 2, donnera la pente par mètre du rayon visuel, égale à celle de la ligne du terrain.

42. Puis en multipliant la longueur mesurée par un coëfficient de réduction pris dans la table suivante, on obtiendra la quantité dont il faut diminuer cette longueur pour la réduire à l'horizon (1).

Pentes par mètre.	0^m,02	0^m,04	0^m,06	0^m,08	0^m,10	0^m,12	0^m,14	0^m,16	0^m,18	0^m,20
Coëfficients de réduction.	0,0002	0,0008	0,0018	0,0032	0,0050	0,0072	0,0099	0,0129	0,0163	0,0202

§ 3. Marche à suivre dans le lever du canevas.

Le lever du canevas se fera par intersections.

43. Les points du canevas seront déterminés par les intersections de directions obtenues par des stations faites aux différents points de la base, et en quelques autres points pris en dehors, dont les positions auront été elles-mêmes obtenues par des intersections.

Vérifications.

44. On ne considèrera en général un point comme déterminé, qu'autant que trois directions faisant, prises deux à deux, des angles moindres que 30 degrés, viendront s'y couper exactement.

---

(1) Quand on connaîtra la différence de niveau entre les deux extrémités de la ligne à réduire à l'horizon, on pourra se servir pour cette réduction de la formule *approximative* $P = L - \dfrac{H^2}{2L}$ dans laquelle L est la longueur mesurée, P sa projection et H la différence de niveau des deux extrémités. Cette formule, qui se calcule facilement avec la règle à calculs, donnerait seulement une erreur de 2 centimètres pour une longueur de 100 mètres et une pente de $\dfrac{1}{5}$ ou de 0^m,20 pour un mètre.

es stations en dehors de la base.

45. Pour faire ces déterminations sûrement et rapidement, sans omissions et sans opérations inutiles, il faut d'adord choisir les points de station en dehors de la base. Ils devront être des points culminants d'où l'on découvre bien le terrain, et ils devront pouvoir être rattachés à la base par de *bonnes intersections*.

Projet du lever.

46. Ces points étant choisis, on examinera chacun des points du canevas, en s'aidant du feuilleton, et l'on notera sur les croquis du canevas, à côté de chaque point, les numéros des stations d'où l'on peut les recouper avantageusement. Les distances des stations à ces points ne devront pas excéder 150 à 200 mètres. Le dépouillement de ce travail permettra de dresser, pour chaque station, la liste des points que l'on doit viser.

ations du 3.º ordre.

47. Généralement, on ne pourra pas lever tout le canevas au moyen des stations précédemment indiquées. On choisira alors, parmi les points obtenus des stations précédentes, ceux qui, ayant été déterminés de la manière la plus avantageuse, seront dans la position la plus convenable pour y faire de nouvelles stations.

Ces points seront du 3.ᵉ *ordre*, et l'on aura la chance de cumuler, avec les inexactitudes propres à leur détermination, celles que l'on a déjà commises dans la construction des points de la base et dans la détermination des *stations du* 2.ᵉ *ordre*, obtenues par les *stations du* 1.ᵉʳ *ordre* faites sur la base.

ations du 4.ᵉ ordre.

48. En adoptant de nouvelles stations du 4.ᵉ ordre, déterminées par les points du 3.ᵉ ordre, on aurait une nouvelle chance d'inexactitude: aussi devra-t-on éviter, autant que possible, ces stations du 4.ᵉ ordre.

Bases secondaires.

49. Dans certains cas la méthode des intersections, employée seule, serait incommode ou impuissante pour le lever complet du canevas. Alors, à partir d'un point déterminé par cette méthode, on cheminera sur une base secondaire au moyen de laquelle on opèrera par intersections.

Vérifications diverses.

50. Nous avons admis en principe (N.º 44) que pour la détermination d'un point, il fallait trois directions dont l'une fournit une véri-

fication. La vérification peut quelquefois s'obtenir plus facilement. Ainsi les points de canevas situés sur les contrescarpes et sur la crête des glacis, et qui servent à la détermination des traverses, étant alignés sur le terrain (N.° 33), il suffira de prendre deux directions sur ces points, qui seront vérifiés par la condition d'être en ligne droite sur la planchette : ainsi dans certains cas, on pourra obtenir des vérifications *par prolongement*, en mesurant l'un des segments $b\,e$ interceptés sur une ligne de canevas $a\,b$ bien déterminée, par le prolongement d'une autre ligne de canevas $c\,d$. Cette vérification par prolongement que l'on emploiera surtout pour les grandes lignes de la fortification, est une des plus sûres dont on puisse faire usage, et elle est très-commode pour faire retrouver les erreurs commises dans le lever.

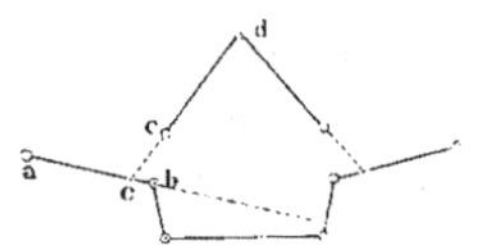

On devra avoir égard à toutes les considérations précédentes dans l'établissement du projet du lever.

§ 4. Détails sur l'opération matérielle du lever du canevas.

Premières opérations.

51. On mesurera d'abord, avec les précautions prescrites aux N.°ˢ 38 et 39, le plus long des côtés du cheminement polygonal qui doit servir de base, on le réduira à l'horizon (N.°ˢ 40, 41, 42) et on le disposera sur la planchette dans une position semblable à celle qu'il occupe sur le feuilleton de distribution. Puis on se mettra en station successivement à chacune de ses extrémités, en orientant la planchette sur l'extrémité opposée.

Mise en station.

52. Pour se mettre en station il faut :

1.° Mettre la planchette à peu près en station à vue, le boulon qui la fixe sur le trépied étant au centre de l'anneau dans lequel il peut se mouvoir ;

2.° Rendre la planchette horizontale, au moyen du niveau à bulle d'air et en agissant sur une branche du pied ;

3.° Mettre la planchette au point, en profitant de son mouvement de translation ;

4.° L'orienter en visant avec l'alidade l'extrémité opposée de la base.

53. De chacune de ces stations on visera tous les points du canevas dont la liste aura été dressée à l'avance (N.° 46). On tracera aussi les directions des côtés adjacents de la base sur une longueur de 30 centimètres environ.

de la base par cheminement. 54. Puis on se transportera successivement aux différents sommets de la base, qui seront déterminés *par cheminement* au moyen de la direction de chaque côté prise du sommet précédent et de la distance mesurée. Dans ces nouvelles stations on orientera toujours la planchette sur le point précédent, à moins qu'il ne soit trop rapproché; car alors il vaudrait mieux l'orienter sur le point le plus éloigné de la base.

fication du cheminement. Le cheminement sera vérifié par des recoupements pris de chaque station sur les sommets de la base déjà connus.

ons en dehors de la base. 55. Enfin on stationnera successivement à chacun des points du second ordre et du troisième ordre, (N.°ˢ 45 et 47) comme il aura été prévu dans le projet du lever (N.° 46), et, dans ces stations, on aura toujours le soin d'orienter la planchette sur une station connue trèséloignée, et autant que possible sur un point de la base.

Orientation du plan. 56. La planchette étant en station sur un point quelconque du canevas, on tracera avec un *déclinatoire* la direction du méridien magnétique qui doit servir à l'orientation du plan. Les Élèves du génie qui ont à faire le lever des mines, obtiendront cette direction avec la boussole comme il est expliqué N.° 106.

ues précautions à prendre. 57. Pour bien préciser la position d'un point de station où l'on devra planter une épingle, il faut entourer ce point d'un petit cercle au crayon, bien formé, de deux millimètres environ de diamètre, et dont le centre coïncidera avec le point : ou bien tracer deux traits perpendiculaires entre eux, de quelques millimètres de longueur et se coupant au point.

Pour se reconnaître dans les directions tracées de chaque station, on inscrira, sur ces directions, les numéros affectés aux points visés, sur le croquis du canevas. Lorsqu'on prendra une seconde direction sur un point, on se contentera de recouper la première par un trait de quelques millimètres de longueur. On entourera le point déterminé d'un petit cercle que l'on accompagnera de son numéro d'ordre. Lorsqu'on aura obtenu une troisième direction sur un point, si les trois lignes ne se coupent pas très-exactement au même point et si la différence est tolérable, on prendra pour point, le centre du cercle inscrit aux trois directions, centre que l'on estimera à vue.

Il est très-important de dessiner les constructions finement et légèrement, et d'effacer, au fur et à mesure de l'avancement du travail, toutes celles qui deviennent inutiles.

On pourra enlever successivement les jalons des points qui auront été définitivement déterminés; mais on devra conserver ceux des points de station dont on peut avoir besoin plus tard pour l'orientation de la planchette.

Avant de quitter une station on devra toujours vérifier si l'orientation de la planchette n'a pas été dérangée.

Des fautes commises. 58. Si la troisième station donne, sur plusieurs points, des *directions discordantes* avec les deux premières, et si à chaque station on a pris la précaution qui vient d'être indiquée, l'erreur ne pourra exister que dans la mesure ou dans la construction des distances.

Lorsque plusieurs stations auront donné, sur plusieurs points, *trois directions concordantes*, on devra les considérer comme bonnes.

Si une nouvelle station donne des discordances sur plusieurs points, elle sera nécessairement fausse. Il faudra la corriger avant de passer outre.

§ 5. Lever des détail

Lever et construction des détails. 59. Les détails (Voyez chapitre 1er § 2) sont rapportés généralement aux lignes du canevas par abscisses et ordonnées et sont construits sur la planchette en même temps qu'on les mesure, *sans intermédiaire de croquis cotés.*

Lorsque l'ordonnée d'un point n'excède pas 2 à 3 mètres, on peut juger à vue le pied de la perpendiculaire abaissée de ce point sur la ligne de canevas; pour les ordonnés plus longues ce pied de la perpendiculaire est déterminée avec *l'équerre d'arpenteur.*

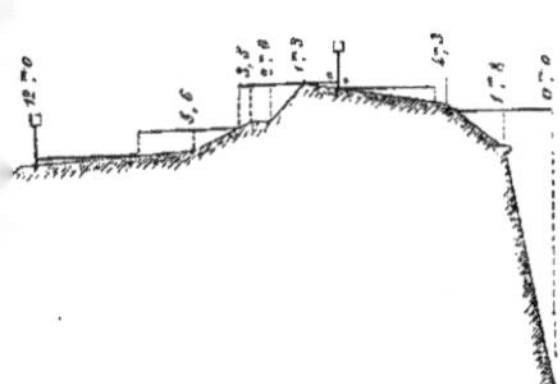

60. Pour les parapets, en particulier, dont le détail se compose de longues lignes droites peu divergentes entre elles, on mènera, vers les extrémités de chacune des faces rectilignes des ouvrages, deux profils perpendiculaires à la ligne de canevas et l'on mesurera, avec le quadruple-mètre et le fil-à-plomb, les distances horizontales des points de ce profil, non pas par parties, mais en partant toujours de l'intersection du profil avec la ligne de canevas, comme il est expliqué par la figure ci-contre.

61. Sur chacun de ces profils, on déterminera un point dans le voisinage de la crête du talus de rempart. La ligne qui réunira ces points sera une nouvelle ligne de canevas à laquelle on rapportera, par des profils, le talus de rempart et les rampes.

62. Les limites des maisons sur la rue du rempart auront déjà été déterminées en visant, des stations faites sur la plongée, les angles de ces maisons.

63. Dans quelques cas, pour des détails irréguliers et peu étendus, comme l'intérieur du terre-plein bas d'un petit ouvrage ou une cour, il pourra être avantageux de faire une station de planchette en un point central, et de déterminer les divers points du détail *par rayonnement*, en traçant les directions sur chacun d'eux et en mesurant les distances qui les séparent de la station.

64. Pour les barbettes, plate-formes, embrasures et autres petits détails déformés, on se contentera de mesurer approximativement les dimensions générales, et de dessiner à vue, avec intelligence, les petits talus de raccordement.

Chapitre 3.

EXÉCUTION DU NIVELLEMENT.

§ Ier Du canevas de nivellement.

Ce que l'on entend par canevas de nivellement.

65. Le nivellement des différents points de la fortification ou du terrain et la détermination des sections horizontales se feront *par rayonnement* avec le niveau à bulle d'air et à lunette, comme il sera expliqué § 4, 5 et 6. Il faut avoir pour cela, de distance en distance, des *points de repère*, dont les cotes soient déterminés avec une grande exactitude et qui soient tellement placés, qu'il s'en trouve toujours un à la portée de chaque station, pour servir à la détermination de la cote du plan particulier du niveau (N.° 86).

L'ensemble de ces points de repères constitue le *canevas de nivellement*.

Choix des points de repère.

66. Ces points de repère seront choisis sur des maçonneries, des bornes, des seuils de portes, des soubassements de maisons, etc., ou des points bien déterminés de ces objets, afin qu'on puisse toujours les retrouver. Lorsque ces objets fixes manqueront, on les remplacera par des piquets du canevas de la planimétrie, enfoncés à 5 centimètres de terre et accompagnés d'un *témoin*.

La bonne portée du niveau étant de 100 mètres, les points de repère seront à 200 mètres au plus les uns des autres.

Points de repères sur la fortification.

67. Pour les différents ouvrages, lorsque la hauteur du talus extérieur sera plus grande que 3 mètres, on prendra les points de repère sur les piquets du canevas de la planimétrie ; mais dans le cas contraire, on les prendra sur les tablettes des escarpes et sur celles de gorges des ouvrages.

Sur le corps de place, il en faudra généralement un à chaque saillant de bastion et un à chaque angle d'épaule ou de flanc.

Pour les ouvrages extérieurs, un au saillant, et un ou deux à la gorge lorsque la différence de niveau entre le point le plus élevé et le point le plus bas de l'ouvrage sera plus grande que 3ᵐ,80. Cependant lorsque les faces des ouvrages auront une grande pente, il faudra en prendre plusieurs sur ces faces, de manière que d'un point au suivant la différence soit environ 3ᵐ, 50.

Pour les chemins couverts, les repères seront pris sur les crêtes des profils en maçonnerie des traverses qui s'appuient sur la contrescarpe. Généralement il faudra un point vers chaque place d'arme saillante, et un vers chaque place d'arme rentrante. Un plus grand nombre sera nécessaire lorsque les chemins couverts auront une grande pente.

repère dans les fossés.

68. Pour les fossés, il faudra des points de repère de distance en distance aux angles des maçonneries. On les choisira de préférence, immédiatement au dessous des repères pris sur les tablettes des escarpes ou des contrescarpes, afin de pouvoir déduire, par une mesure directe, la cote du point inférieur, de celle du point supérieur.

de repère dans la ville et
au dehors.

69. Dans l'intérieur de la ville on les prendra sur des objets remarquables aux angles des rues. Sur les glacis et dans la campagne, ils seront placés sur plusieurs lignes dirigées à peu près suivant la ligne de plus grande pente du terrain et espacées au plus de 200ᵐ. Sur chacune de ces lignes, la différence de niveau d'un point au suivant devra être moindre que 4 mètres.

quis de repèrement.

70. On fera, pour les points de repère, un croquis sur lequel on indiquera d'une manière précise l'emplacement de chacun d'eux; chaque point y sera désigné par un numéro particulier. Ce croquis, conforme au modèle joint à cette instruction, sera placé en regard du registre de nivellement de ces points.

§ 2. Nivellement des points de repère.

s de repère seront nivelés
r cheminement.

71. Tous les points de repère seront groupés de telle sorte qu'ils forment des *polygones* et des *traverses*, que l'on puisse niveler par *cheminement* et vérifier par la *fermeture*. Cette organisation ne pourra pas

3*

toujours être arrêtée invariablement à priori, mais il n'y a aucun inconvénient à la modifier en faisant le nivellement.

72. On déterminera les différences de niveau successives des points des polygones et des traverses, en faisant avec le niveau, des stations entre les deux points dont on veut avoir la différence de hauteur et, autant que possible, à égale distance de ces points. La différence de niveau cherchée sera la différence entre les deux hauteurs de mire trouvées sur les deux points. La plus grande hauteur de la mire étant de 4^m, la différence de niveau d'un point au suivant sera généralement moindre que cette quantité.

Le registre des opérations, accompagné du croquis du canevas, sera tenu conformément au modèle joint à cette instruction.

73. Le point dont la cote est donnée (N.º 14) fera nécessairement partie du canevas et il servira, autant que possible, de point de départ, quoique cette condition ne soit pas indispensable.

74. Quelquefois dans la détermination des différences de niveau successives, on devra opérer avec le *voyant renversé*, comme cela est expliqué par la figure ci-contre dans laquelle *a* et *b* sont deux points du canevas; on notera cette circonstance dans la colonne *observations* du registre et la hauteur de mire, prise en sens inverse, sera affectée du signe *moins* (*Voir le modèle du registre point 2*).

75. Pendant les opérations, on vérifiera fréquemment le niveau, surtout au commencement des séances et lorsque l'instrument aura éprouvé quelque secousse brusque, et on le rectifiera s'il y a lieu (1).

76. On aura quelquefois à mesurer directement, avec le quadruple-mètre ou la chaîne, la différence de niveau entre deux points situés, l'un sur la tablette d'un mur, et l'autre immédiatement au dessous, sur le

---

(1) Lorsque l'on vise à une très-grande exactitude dans les opérations, on prend sur chaque point deux hauteurs de mire, l'une avant, l'autre après le retournement de la lunette bout pour bout et sens dessus-dessous, en ayant soin de ramener dans chaque visée la bulle au milieu du tube. La moyenne de ces deux hauteurs du voyant est à l'abri des défauts de rectification de l'instrument.

soubassement. Ce cas se présentera surtout quand on aura à déterminer des cotes de repères dans les fossés. Alors on mesurera la distance des deux points suivant le parement du mur, et on la réduira à la hauteur verticale par la formule approximative $H = L - \dfrac{F^2}{2L}$, facilement calculable avec la règle à calculs et dans laquelle H est la différence de niveau des deux points, L la distance de ces deux points mesurée suivant le parement du mur, et F le *fruit absolu* ou distance des verticales des deux points. La différence de niveau *réduite* s'inscrira immédiatement dans l'une des colonnes du registre affectée à ces différences : elle sera positive si l'on veut déterminer la cote d'un point en fonction de celle connue d'un point plus élevé, négative dans le cas contraire. (*Voyez le modèle de registre points 6 à 12*).

§ 3. Calcul des cotes des points et recherche des fautes commises.

77. Avec les hauteurs du voyant inscrites, on calculera d'abord les différences de niveau successives, en considérant, dans chaque station, le *coup d'arrière* comme négatif et le *coup d'avant* comme positif, et en ayant égard aux signes *moins* dont quelques hauteurs peuvent être affectées. Ce calcul se fera sur place en même temps que le nivellement.

78. Pour deux points quelconques, la *somme algébrique* des différences de niveau intermédiaires, c'est-à-dire l'excès de la somme des différences positives sur la somme des différences négatives, est égale à la différence de niveau de ces deux points.

79. Dans un polygone fermé où l'on retombe sur le point de départ, la somme des différences positives doit donc être égale à la somme des différences négatives ; et dans une traverse, la différence de ces deux sommes doit être égale à la différence entre les cotes du point de départ et du point d'arrivée, *si elles sont connues par le polygone*, ou, ce qui est la même chose, à la différence de niveau résultant de la somme algébrique des différences de niveau successives entre ces deux points, obtenues dans le polygone.

De l'erreur de fermeture.

80. Si, dans un cheminement, cette vérification *par fermeture* n'a pas lieu, la différence pourra provenir d'abord de fautes de calculs.

Vérification des calculs.

81. Il faudra donc, avant toutes choses, *faire la preuve* des soustractions qui ont donné les différences de niveau.

Limite de l'erreur de fermeture admissible.

82. Si, après cette vérification, une faible erreur de fermeture subsiste, elle pourra provenir de l'accumulation des petites nexactitudes inséparables des opérations. Or, avec du soin et en vérifiant souvent le niveau, on peut répondre de fermer un cheminement de 1000^m de longueur, à quelques millimètres près ; mais, à cause de l'inexpérience des Élèves, on tolérera une erreur de fermeture de 2 à 3 centimètres pour 1000 mètres de parcours.

Calcul des cotes des points et répartition de l'erreur.

83. Si l'erreur trouvée est dans ces limites, on calculera d'abord, sans y avoir égard, les cotes des points en fonction de la cote donnée, par des additions ou des soustractions des différences de niveau successives. Comme vérification de ces calculs, il faudra que la différence entre la cote de départ et la cote d'arrivée soit égale à la somme algébrique déjà connue des différences de niveau. Cette vérification obtenue, on répartira uniformément l'erreur de fermeture sur chacune des cotes calculées : pour cela on divisera cette erreur e par le nombre n des stations, et, laissant à la cote de départ sa valeur, on modifiera la cote du point suivant de $\frac{e}{n}$, la cote du 3.e point de $\frac{2\,e}{n}$ celle du 4.e point de $\frac{3\,e}{n}$, et ainsi de suite, de sorte que, sur la dernière cote, l'erreur de fermeture disparaîtra complètement. Les cotes ainsi rectifiées seront écrites dans la colonne qui leur est affectée au registre et elles seront celles dont on se servira dans les opérations ultérieures.

Recherche des fautes de nivellement accusées par une erreur de fermeture inadmissible.

84. Lorsque l'erreur de fermeture, après vérification des calculs, ne sera pas admissible, elle proviendra de *fautes* commises dans le nivellement. Si le cheminement dont on s'occupe est un polygone assez étendu, il ne sera pas nécessaire de recommencer toutes les opérations pour retrouver ces fautes. On fera immédiatement une traverse divisant le polygone en deux parties et s'appuyant sur

deux de ses points. On calculera ensuite la différence de niveau entre ces deux points, d'abord par la traverse, ensuite par le polygone, en faisant de part et d'autre la somme algébrique des différences de niveau comprises entre ces points. Si la discordance entre ces deux différences de niveau est dans la limite des erreurs tolérées, on en conclura que la traverse et la portion de polygone considérée sont bonnes. Si la discordance ne diffère de l'erreur primitive de fermeture du polygone que de la tolérance permise, on en conclura que les erreurs sont comprises dans la partie du polygone considérée, et que l'autre moitié du polygone est bonne. Dans l'un et l'autre cas, il suffira de recommencer la partie du polygone dans laquelle les fautes sont reconnues exister, à moins que l'on ne veuille faire une nouvelle traverse pour restreindre l'étendue du polygone dans laquelle on doit les chercher.

Enfin, si l'erreur de fermeture de la traverse diffère trop de celle du polygone, on ne pourra rien conclure immédiatement : car cela pourra provenir, soit de fautes commises dans la traverse, soit de ce qu'il existe des fautes dans chacune des deux parties du polygone. Mais de nouvelles traverses éclairciront la question.

85. On voit donc qu'il est absolument indispensable de faire et de vérifier les calculs d'un cheminement aussitôt qu'il est achevé, afin de pouvoir diriger convenablement les opérations subséquentes.

calculer immédiatement les opérations.

§ 4. Nivellement des détails.

86. Le nivellement des détails (N.ºs 14 à 19) se fera par *rayonnement*. Pour cela on mettra le niveau en station en un point tel, que le plan horizontal qu'il décrit passe à quelques centimètres seulement ou dessus du point le plus élevé parmi ceux que l'on veut niveler de cette station : (pour les parapets il sera généralement convenable d'établir le niveau sur la banquette). Puis on fera porter la mire sur le point de repère le plus voisin. La hauteur du voyant trouvée étant retranchée de la cote du point, on aura la cote du *plan particulier du niveau*. Ensuite on fera porter la mire successivement

ment des détails par rayonnement.

sur tous les points que l'on veut coter. En ajoutant les hauteurs de mire trouvées à la cote du plan particulier du niveau on aura les cotes de ces points.

Précautions à prendre.

87. On aura bien soin, s'il s'agit d'arêtes arrondies, d'élever le *talon de la mire* sur la pointe du pied pour le faire correspondre à l'arête rectifiée comme il a été expliqué N.° 3, et, si les points appartiennent à une surface sur laquelle il se trouve des saillies ou des dépressions accidentelles, de mettre le talon de la mire à la hauteur moyenne du terrain voisin dans une étendue de 2 à 3 mètres. Comme ces deux rectifications se feront à vue, sur tous les points du terrain on tolérera une erreur de 2 à 3 centimètres sur les hauteurs du voyant; mais pour les maçonneries, il faudra obtenir la hauteur de mire avec exactitude.

Registre de nivellement des détails.

88. On nivellera ainsi tous les points spécifiés au chapitre 1ᵉʳ § 3 et qui sont connus en plan, et l'on tiendra pour ces opérations un registre conforme à celui qui est joint à cette instruction : tous les points nivelés y seront clairement désignés dans la dernière colonne, soit par des profils, soit par des plans partiels (1).

Pendant les tâtonnements nécessaires pour amener la mire à hauteur, on aura généralement le temps de faire ces repèrements et les calculs des cotes des points.

Nivellement des magistrales lorsque les talus extérieurs sont très-élevés.

89. Lorsque le talus extérieur d'un parapet sera plus haut que 3 mètres, on obtiendra les cotes de la tablette de l'escarpe en stationnant sur la crête du glacis, et en nivelant quelquefois avec le voyant renversé comme il est expliqué au N.° 74, ou bien on les déduira, par des mesures directes de hauteur, comme il a été expliqué N.° 75, de cotes obtenues aux pieds des murs dans le nivellement des fossés.

---

(1) Lorsqu'on a acquis une assez grande habitude du nivellement pour être à peu près sûr de soi, on peut se dispenser de faire ces *repèrements des points* sur le registre. Alors on passe le plan à l'encre et on inscrit immédiatement, sur le terrain, les cotes obtenues à côté des points correspondants. La nécessité de ne pas interrompre, à l'École, le travail extérieur par la mise à l'encre du plan, nous oblige à passer par l'intermédiaire de ces croquis.

ment ordinaire de station.

90. D'une même station, on nivellera tous les points situés dans un rayon de 100 à 120 mètres, et dont l'abaissement au dessous du plan du niveau sera moindre que 4 mètres. Pour les points situés sur un autre ouvrage, ou plus éloignés, ou plus bas, on changera de station et on s'adressera, pour déterminer la cote du niveau, à un nouveau point de repère.

ment de station par che-
minement.

91. Il pourra arriver quelquefois que l'on n'ait pas de point de repère pour déterminer la cote du niveau dans cette station suivante. Alors, avant de changer le niveau, on prendra avec soin la hauteur de mire sur un point fixe convenablement choisi entre les deux stations. Si l'on n'a pas de point bien fixe parmi ceux à niveler, on enfoncera dans le sol une pierre roulante sur laquelle la mire sera posée. La cote de ce point sera ainsi déterminée avec exactitude et elle pourra servir de repère pour la station suivante.

Les opérations de chaque station seront séparées par un trait sur le registre (*Voyez le modèle*).

Vérification.

Lorsque l'on adoptera exceptionnellement cette marche complexe, on devra toujours chercher à vérifier le cheminement par la fermeture sur un point de repère (1).

istre devra accompagner
la mire.

92. Dans le nivellement par rayonnement, le choix des points à niveler devant être fait avec discernement, le porte-mire devra

---

(1) On pourrait croire, d'après ce que nous venons d'expliquer, que le nivellement préalable des points de repère est inutile et que l'on peut faire simultanément le cheminement et le rayonnement. Mais, dans cette marche *complexe*, les chances de commettre des fautes seraient beaucoup plus grandes et, lorsque ces fautes seraient reconnues exister à la fermeture, il ne serait pas aussi facile de les rechercher que dans la marche que nous avons prescrite. Pour les retrouver il ne faudrait pas seulement recommencer quelques opérations de cheminement, mais encore un certain nombre des opérations de rayonnement, ce qui serait une grande perte de temps. Enfin l'erreur de fermeture, quand elle est admissible, ne serait pas facilement répartie sur toutes les opérations. En décomposant l'opération comme nous le prescrivons, il y a donc généralement économie de temps, plus de simplicité et plus d'exactitude.

être accompagné par un des Élèves qui tiendra le registre pendant que l'autre sera au niveau (2).

§ 5. Lever des sections horizontales.

Profils pour le lever des sections horizontales.

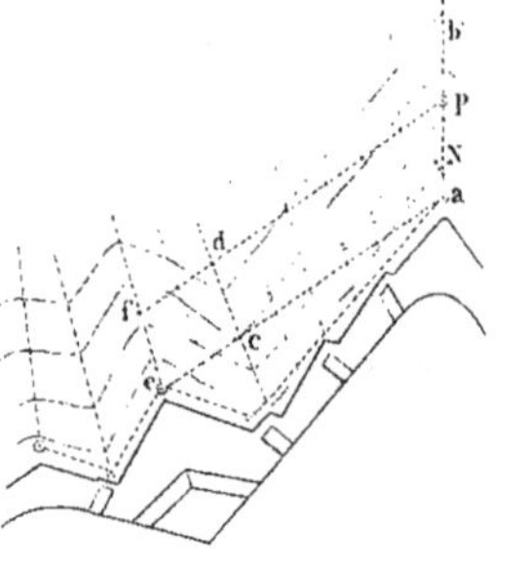

93. Les sections horizontales (*Voyez les n.*^{os} *20 et 21*) seront levées au moyen de profils. Dans les terrains irréguliers, ces profils seront tracés avec l'équerre d'arpenteur perpendiculairement à une ligne à peu près horizontale, joignant deux points du canevas de la planimétrie. Ils seront distants de 10, 15 ou 20 mètres suivant les irrégularités plus ou moins grandes de la surface.

94. Dans les terrains qui, comme des glacis peu déformés, présenteront des arêtes et des gouttières bien senties, on prendra d'abord ces lignes remarquables *a b, c d, e f,* etc. pour profils ; puis on établira un certain nombre de profils intermédiaires ainsi qu'il suit :

On chaînera la ligne *a e* qui joint deux points *a* et *e* du canevas de la planimétrie et l'on placera, sur cette ligne, un certain nombre de jalons, entre ceux qui appartiennent déjà aux arêtes ou aux gouttières et à des distances qui pourront varier entre 10 et 20 mètres ; puis, avec la planchette, on cheminera du point *a* sur un point P, pris sur l'arête *a b* à une distance de 40 à 50 mètres du point *a* et on mettra la planchette en station sur ce point P. On tracera ensuite sur la planchette et sur le terrain une ligne P *f* à peu près parallèle à *a e* : cette ligne P *f* sera chaînée, et jalonnée de distance en distance de manière que l'on ait le même nombre de jalons que tout à l'heure entre les points de rencontre P, *d, f,* avec les arêtes et les gouttières. Les jalons placés sur ces deux lignes, pris deux à deux sur le terrain, détermineront des profils à peu près parallèles, et leurs positions, construites sur la planchette par leurs distances mesurées aux points *a* et P, étant réunies par des traits de crayon, ces profils se trouveront rapportés sur le plan.

---

(2) Dans le service, on dresse facilement un aide à mettre le niveau en station et à viser : alors l'officier qui fait un nivellement accompagne le porte-mire et tient le registre, en donnant de temps en temps un coup d'œil au niveau.

des sections horizontales.

95. Les profils étant tracés et construits, on mettra le niveau en station en un point N voisin de la planchette. On déterminera la cote du plan particulier du niveau d'après un point de repère voisin, et l'on donnera à la mire une hauteur, *dont on tiendra note*; égale à la différence entre cette cote et celle de la courbe qu'on veut tracer, soit la courbe cotée 50 mètres. Le porte-mire se plaçant sur le premier profil, montera ou descendra suivant la pente du terrain et toujours dans la direction exacte du profil, jusqu'à ce que la personne qui tient le niveau lui fasse signe de s'arrêter. A ce moment celle qui tient la planchette donnera un coup d'alidade sur le pied de la mire, et déterminera la projection de ce point à la cote 50 sur la planchette, par l'intersection du premier profil avec la direction obtenue. On opérera de la même manière à l'égard de tous les profils, et la réunion de tous les points obtenus de la même station et avec la même hauteur de mire, donnera la courbe horizontale à la cote 50 mètres.

On vérifiera d'abord si, dans le transport, la hauteur de mire n'a pas varié. Puis, pour obtenir la courbe 51 mètres, on recommencera les mêmes opérations avec la mire relevée de 1 mètre, le niveau restant d'ailleurs au même point. Pour obtenir la courbe 52 mètres on relèverait la hauteur de mire de 2 mètres et ainsi de suite.

ngement de station.

96. Lorsque la mire aura atteint une hauteur plus grande que 3 mètres on ne pourra plus agir ainsi ; il faudra alors déplacer le niveau et déterminer la cote de son nouveau plan particulier, soit d'après un point de repère voisin, soit, lorsqu'il n'y en aura pas, d'après un point de repère provisoire. En prenant ce point de repère sur la dernière courbe tracée, il suffira, après avoir déplacé le niveau, de faire descendre le voyant de la mire qui sera restée sur ce point, jusqu'à ce qu'il soit dans le nouveau plan du niveau, et la nouvelle hauteur de mire augmentée de 1 mètre sera celle qui convient à la courbe suivante.

cautions à prendre.

97. Pour que le porte-mire puisse facilement se placer seul sur les profils, il faudra rapprocher les deux jalons qui désignent chacun d'eux, à la distance de 5 à 6 mètres.

Le simple recoupement ne déterminerait pas assez exactement les points situés sur les profils voisins de la planchette. Il faudra marquer ces points avec des piquets, et les rapporter sur le plan en mesurant leur distance au point de départ du profil.

§ 6. Nivellement des terrains plats et des terrains couverts par les eaux.

Ces terrains doivent être définis par un certain nombre de cotes isolées, placées comme il a été expliqué : n.ᵒˢ 22 et 23.

Nivellement des terrains plats.

98. Dans les terrains plats, on jalonnera deux séries de profils perpendiculaires entre eux, et l'on portera la mire successivement aux différentes intersections de ces profils. On tiendra registre de ce nivellement par rayonnement et le lever consistera à construire les profils sur le plan.

Nivellement des terrains couverts.

99. Dans les terrains couverts par les eaux, lorsque la largeur de ce terrain sera trop grande pour que l'on puisse tendre d'une rive à l'autre une chaîne ou un cordeau divisé, le long duquel on prendrait les sondes, on établira une série de profils perpendiculaires à une ligne droite tracée et levé sur une des rives, et l'on placera la planchette en station au milieu de ces profils. Puis l'un des observateurs en nacelle, fera de distance en distance, sur l'alignement du premier profil, des *sondages* avec un quadruple-mètre et il tiendra note des profondeurs d'eau dans le registre du nivellement. Le second observateur, à la planchette, déterminera en même temps les lieux de ces sondages, comme pour les points des sections horizontales, par l'intersection de coups d'alidade, donnés sur ces points, avec le profil correspondant. Les cotes des points s'obtiendront en ajoutant la profondeur d'eau ou *hauteur de sonde* à la cote de l'eau à la surface, obtenue par le nivellement direct.

La même opération sera répétée sur chaque profil, en changeant, s'il y a lieu, la station de la planchette pour éviter des intersections trop obliques, et en ayant égard aux variations de la hauteur de l'eau.

Cotes des hautes et basses eaux.

100. On obtiendra les cotes des hautes eaux et des basses eaux

(N.° 24) en consultant les souvenirs des éclusiers, portiers-consigne, bateliers, etc. (1).

Chapitre 4.

LEVER ET NIVELLEMENT DES MINES. LEVER DU DÉTAIL. NOTES POUR LE MÉMOIRE.

§ 1.er **Lever du plan des mines.**

101. Le lever des mines (N.° 25) se fera à la boussole et à la chaîne. Les résultats des opérations seront consignés sur des croquis qui seront dessinés conformément aux modèles joints à cette instruction. Pour prendre les directions dans les mines, il faut placer une chandelle au point que l'on vise et éclairer obliquement la fenêtre de l'alidade pour rendre la pinnule visible. On évitera de stationner à côté des portes à cause des ferrures.

102. On cheminera dans les galeries en stationnant à chacune des intersections *des axes* des galeries, intersections que l'on repèrera sur la voûte avec la fumée d'une chandelle.

103. Les cheminements seront organisés de telle sorte, qu'ils forment des polygones fermés qui seront vérifiés par fermeture.

104. Le nivellement des mines devant donner les différences de niveau des stations successives, on pourra mesurer les distances suivant la pente des galeries : pour la construction, on les réduira à l'horizon comme il a été expliqué, dans la note au bas de la page 12.

En mesurant une longueur, on notera les distances comprises entre le point de départ et les différentes entrées de rameaux que l'on rencontrera sur les côtés de la galerie.

---

(1) On trouve, de distance en distance, sur les bords de la Moselle, des repères en fonte indiquant la hauteur des hautes eaux extraordinaires de 1844, et des échelles dont le zéro correspond à l'étiage.

105. Pour pouvoir construire ce lever il faut connaître la direction du méridien magnétique sur la planchette, et rattacher le lever des mines aux points connus de la fortification.

Détermination du méridien magnétique.

106. On déterminera la direction du méridien magnétique en se plaçant avec la boussole sur un point du canevas de la planimétrie, et en visant 3 ou 4 points éloignés du même canevas. Les angles obtenus sur ces points donneront autant de directions pour le méridien magnétique. La moyenne de ces directions compensera une erreur partielle.

Rattachement des mines au plan de la fortification.

107. Pour rattacher le lever des mines à la fortification, on prolongera le canevas de ce lever, dans les fossés, à travers plusieurs portes, jusqu'à des angles de maçonnerie bien déterminés sur le plan. Ces points serviront de points de départ ou de fermeture pour les polygones qui composent le canevas.

§ 2. Nivellement des mines.

Instruments employés.

108. Le nivellement sera fait avec le niveau d'eau et le voyant de mine. Il faut avoir soin de tenir toujours, dans le voyant de mine, la flamme de la chandelle à hauteur de la fente du voyant. En faisant tenir convenablement une chandelle près de la fiole du niveau la plus éloignée de l'œil, on distingue facilement les deux ménisques (1).

Exécution du nivellement.

109. Le nivellement se fera par cheminement, en partant de points de repère établis préalablement sur les seuils des portes. Les opérations seront organisées en polygones fermés pour la vérification.

Les points de station de la mire seront pris *sur le ciel* des galeries et marqués avec la fumée d'une chandelle pour pouvoir les retrouver. En chaque station on notera la hauteur de la galerie pour avoir la cote du sol.

---

(1) Le meilleur instrument à employer pour le nivellement des mines est la boussole nivelante : en approchant une lumière de l'objectif on éclaire assez le champ de la lunette pour que les fils du réticule soient visibles. Nous employons le niveau d'eau, comme exercice et parce que d'ailleurs, à cause de la faible longueur des stations, son exactitude est bien suffisante.

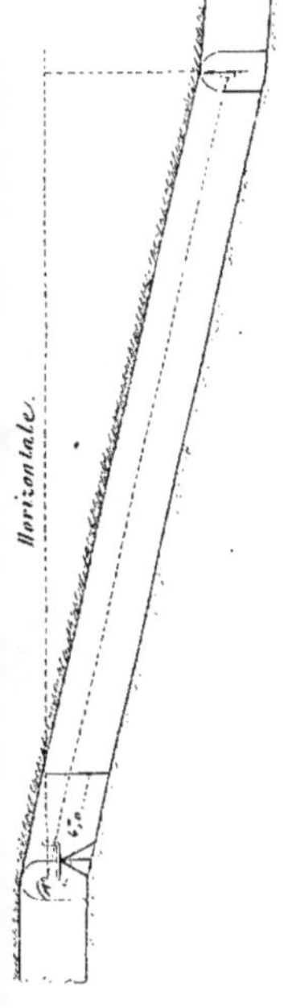

110. Dans les galeries très-inclinées, où le nivellement direct serait trop long, on déterminera la différence de niveau de deux points au moyen de la pente par mètre de la ligne qui les joint. Voici l'un des procédés qu'on pourra employer.

On met le niveau en station de telle sorte que la fiole postérieure soit à l'aplomb du dernier point de station de la mire : on place une règle verticalement, à 4 mètres *mesurés suivant la pente de la galerie*, en avant de la même fiole. On marque alors sur la règle l'intersection du plan horizontal du niveau avec elle : (le bord d'un double décimètre pouvant, à cette distance, servir de voyant). On met ensuite la mire au point dont on cherche la cote, en plaçant le voyant à une distance verticale de ce point, égale à celle qui sépare le dernier point nivelé du plan horizontal du niveau. La ligne qui joint le ménisque de la fiole postérieure à la ligne de foi du voyant, est alors parallèle à la galerie. On détermine et on trace l'intersection de cette ligne avec la règle placée à 4 mètres. La distance comprise entre les deux points marqués sur cette règle, indique alors la pente de la galerie, pour 4 mètres mesurés suivant cette pente. Comme la longueur de la galerie a été mesurée de la même manière, on calcule facilement, par une proportion, la différence de niveau entre les deux points extrêmes. Cette opération n'étant pas susceptible d'une grande précision, on devra la répéter *en retour* et l'on prendra la moyenne des deux nombres obtenus. Il faut d'ailleurs chercher à rattacher les parties ainsi nivelées, à des polygones fermés nivelés directement, afin de pouvoir reconnaître et corriger les erreurs d'observation.

§ 5. Lever du détail de fortification.

111. Le lever se fera au mètre, par les procédés employés dans le lever de bâtiment, et les croquis seront tenus conformément à ce qui a été expliqué (N.ᵒˢ 27 et 28).

112. Mais on devra de plus coter, par un nivellement direct fait avec le niveau à bulle d'air et à lunette, les points principaux

de ces détails, et, lorsque quelques parties seront plongées sous les eaux, comme les piles de ponts, radiers d'écluses, etc., on devra prendre des cotes de fond ou déterminer de distance en distance la profondeur de l'eau (1).

§ 4. Notes pour la rédaction du mémoire.

113. Ces notes doivent être le résultat d'un examen détaillé de toutes les parties de la fortification. Le programme du mémoire (N.° 144) indique les points sur lesquels il faut porter son attention. On prendra ces notes pas à pas pendant l'exécution du lever.

Comment il faut examiner la fortification.

114. Pour reconnaître si un terrain est battu, on le parcourt et, en se baissant, on observe si les plans des plongées des parapets passent au dessus ou au dessous de l'observateur. Ou bien on parcourt les banquettes, et mettant l'œil dans les plans des plongées, on examine où ces plans vont couper le terrain ou les ouvrages en avant. On reconnaît de la même manière de quelle nature est l'action des feux des parapets sur les ouvrages en avant.

Pour voir si un terre-plein est défilé, on le parcourt dans toute son étendue et l'on examine si l'on ne peut être vu, par dessus les crêtes du parapet, par l'ennemi établi, soit sur les ouvrages en avant, soit dans la campagne à la distance de 1200 mètres, etc.

———

(1) Les Élèves qui auront à lever des ponts-levis, s'adresseront aux portiers-consigne pour les faire dresser pendant le temps nécessaire pour juger de la manœuvre et des assemblages qu'ils ne pourraient pas reconnaître dans l'état de repos ; mais ils éviteront d'interrompre la circulation.

Chapitre 5.

TRAVAIL DES SALLES.

§ 1.ᵉʳ **Programme général du travail.**

115. Le travail des salles comprend :

1.° *La mise à l'encre du plan ;*

2.° *La construction sur ce plan du lever des mines ;*

3.° *L'inscription sur le plan des cotes de nivellement ;*

4.° *L'exécution du lavis, des carreaux, de la rose des vents, des écritures, cadre, et échelle qui doivent compléter la minute ;*

5.° *L'exécution des dessins de détails d'après les croquis cotés ;*

6.° *La rédaction du mémoire.*

§ 2 **Mise à l'encre du plan.**

116. La mise à l'encre sera faite par parties égales par les deux élèves qui ont concouru au lever.

Couleurs pour le trait. — 117. Toutes les lignes de maçonnerie seront tracées en rouge, et les limites des eaux et les ruisseaux des rues en bleu ; toutes les autres lignes ou détails du plan et les sections horizontales seront dessinées en noir.

Nature du trait. — 118. Le trait des arêtes saillantes sera plus fort que celui des arêtes rentrantes. Les crêtes intérieures et les magistrales seront exprimées par un trait plus fort que tous les autres.

Les limites des masses de culture seront indiquées par un trait plein. Les arbres seront indiqués par un petit cercle noir.

Détails souterrains. — 119. Les détails souterrains seront indiqués par des pointillés, rouges s'il s'agit de souterrains maçonnés secs, noirs s'il s'agit de galeries de mines en bois et bleus s'il s'agit d'aqueducs.

La trace des opérations sera conservée. — 120. La trace des opérations sera conservée sur le plan. Pour cela toutes les bases mesurées seront tracées en pointillé rouge. Tous les points du canevas seront indiqués par un point noir entouré d'un cercle de 2 millimètres environ de diamètre. Les points déterminés sur les sections horizontales seront indiqués par des points noirs, et les traits de ces sections seront interrompus dans le voisinage de ces points.

§ 3. Construction du lever des mines.

Construction du plan. — 121. On construira au crayon, sur la planchette, la direction du méridien magnétique au moyen des azimuts magnétiques qui auront été pris sur plusieurs directions du canevas (n.° 106), et en prenant la moyenne de ces diverses constructions. Puis on tracera au crayon, des carreaux dont les côtés seront respectivement parallèles et perpendiculaires à cette direction.

Ces carreaux serviront à construire, avec le rapporteur, le lever des mines.

Mise à l'encre du plan. — 122. Le plan, qui indiquera tous les détails énumérés n.° 25, sera passé à l'encre en pointillé, rouge pour les galeries maçonnées, noir pour les galeries en charpente.

§ 4. Inscription des cotes de nivellement.

Inscription des cotes. — 123. Toutes les cotes seront inscrites à main posée, *parallèlement au bord inférieur du cadre:* ce côté inférieur sera toujours tourné vers l'intérieur de la ville.

Couleur des cotes. — 124. Les cotes appartenant aux maçonneries seront rouges; les cotes du terrain seront noires, que ce terrain soit ou non couvert par les eaux. Les cotes appartenant à la surface des eaux seront écrites en bleu, *entre parenthèses.*

Points auxquels les cotes se rapportent. — 125. Chaque cote sera accompagné du point auquel elle se rapporte, à moins que ce point ne soit déjà précisé par l'intersection de deux lignes.

126. Lorsque plusieurs cotes seront voisines et que l'espace manquera, on pourra supprimer, pour plusieurs d'entr'elles, le chiffre des centaines.

Cotes des mines.

127. Pour les mines, les cotes qui se rapportent au sol seront *noires et soulignées* et celles qui se rapportent au ciel seront écrites *entre parenthèses ;* elles seront rouges pour les galeries en maçonnerie et noires pour les galeries en charpente.

§ 5. Lavis, écritures, cadres, etc.

...cation ne sera pas lavée.

128. La fortification ne sera pas lavée à l'effet.

...avis des maisons.

129. Les maisons particulières ou groupes de maisons *en pierre* recevront une teinte plate de carmin faible. Les maisons *en bois* recevront une teinte plate d'encre de chine pâle. Les édifices publics seront indiqués par la projection de leur toit lavé à l'effet à l'encre de chine, en supposant un rayon de lumière, oblique au plan du dessin, venant de l'angle formé par le côté gauche et le côté supérieur du cadre. On distinguera l'administration à laquelle ils appartiennent en superposant à ce lavis à l'effet une teinte plate :

De minium pour les bâtiments civils ou religieux ;

Gris d'ardoise pour ceux qui dépendent du service du Génie ;

Violette pour ceux qui dépendent du service de l'Artillerie.

Traits de force.

130. Les contours des bâtiments ou des pâtés de maisons porteront des traits de force pris dans l'épaisseur des bâtiments et placés du côté opposé à la lumière.

Lavis des eaux.

131. Les surfaces d'eau seront lavées en bleu pâle, renforcé et dégradé sur les bords.

Carreaux modules.

132. On tracera sur toute l'étendue de la carte, *en traits rouges fins,* deux séries de lignes distantes de 10 centimètres ; les unes seront parallèles et les autres seront perpendiculaires à la direction du nord vrai : cette direction se déduira de la direction tracée du méridien magnétique. *(La déclinaison de l'aiguille aimantée est actuellement à Metz*
18   *de*   *ouest.)*

Ros des vents.

133. Dans la partie de la carte la moins chargée de détails et, autant que possible, à l'intersection de deux des lignes des carreaux, on tracera en noir une rose des vents donnant le nord vrai et le nord magnétique et indiquant la déclinaison de l'aiguille aimantée.

Des écritures. — 134. Les écritures à placer dans l'intérieur du cadre seront : 1.° la désignation générale des ouvrages levés, en romaine droite de 4 millimètres de hauteur ; 2.° les désignations des cours d'eau, routes, rues, portes, ponts, édifices, etc. 3.° le numérotage de tous les ouvrages de fortification, des ouvrages d'art et des édifices, d'après la légende générale adoptée dans la place ; 4.° les noms des cultures. Toutes ces écritures seront conformes, pour le genre et la dimension, à ce qui est prescrit pour le dessin des cartes topographiques.

Cadre. — 135. Le cadre se composera d'un trait gros et d'un trait fin. Sa *largeur totale* sera de 3 millimètres environ.

Titre. — 136. Le titre.

MINUTE DU LEVER DE FF^{ON} A LA PLANCHETTE,

sera écrit en capitales droites de 10 millimètres de hauteur.

Échelle. — 137. Enfin, sous le côté inférieur du cadre, on tracera une échelle de $\frac{1}{1000}$ de 30 centimètres de longueur.

§ 6. Rédaction du lever des détails.

En quoi consiste la rédaction. — 138. Cette rédaction consiste dans la construction à l'échelle et dans la mise à l'encre des détails levés.

Trois couleurs pour le trait. — 139. Les maçonneries seront mises au trait à l'encre rouge, aussi bien dans les élévations et les coupes que dans les plans ; les fers seront dessinés en bleu ; les autres objets tels que terres, bois, seront passés au trait à l'encre de chine.

Lavis. — 140. Les plans et les élévations ne seront ni lavés ni ombrés ; mais les parties coupées porteront des teintes pâles : de carmin pour les maçonneries, de bistre pour les terres, de terre de sienne brûlée pour les bois et de bleu pour les fers et les eaux.

Traits de force. — 141. Le dessin sera relevé par des traits de force.

142. Les principales dimensions seront cotées, et des cotes de nivellement seront placées sur les points principaux, tant dans les plans que les coupes et les élévations.

143. Cette feuille aura pour titre :

LEVER DE FF^{on}. DÉTAILS,

et elle contiendra dans l'intérieur du cadre l'indication des détails levés. Les écritures et le cadre auront d'ailleurs les mêmes dimensions que dans la feuille précédente.

§ 7. Rédaction du mémoire.

144. Le mémoire se composera de deux chapitres dans lesquels on examinera les différentes questions posées ci-dessous dans l'ordre où elles sont présentées. En marge de chacun des paragraphes, on reproduira les *indications marginales* et les numeros d'ordre de ces indications. Les ouvrages seront désignés par les noms et numeros adoptés dans la place de Metz.

1.er Chapitre.

De la fortification sous le rapport de son état.

Désigner les ouvrages levés, indiquer leur situation par rapport aux ouvrages voisins. Donner quelques indications historiques sur leur construction.

Dans quel état sont–ils? Quelles sont les causes des dégradations ? Ont–ils besoin d'être refaits ou seulement réparés ?

Dans quel état sont les revêtements en maçonnerie? Quelles sont les causes de leurs dégradations ?

Quel est leur état ?

Quel est leur état? Comment s'y fait l'écoulement des eaux ?

2.ᵉ Chapitre.

De la fortification sous le rapport de sa défense.

1.º Des glacis.

Les glacis sont-ils entièrement vus par les ouvrages en arrière? Quelles sont les parties des ouvrages latéraux qui les voient et de quelle manière sont-ils vus?

2.º Des chemins couverts.

Même examen pour le terre-plein des chemins couverts. De plus, s'y trouve-t-il quelque abri qui ne soit vu de nulle part? Les feux de ces chemins couverts battent-ils bien le terrain en avant?

3.º Des fossés.

Même examen pour les fossés. De plus, quelles sont les parties qui ne peuvent être vues? Pourquoi ne le sont-elles pas?

4.º Des feux des parapets.

Comment les feux de parapet des ouvrages revêtus voient-ils le terrain dans l'étendue de la portée des armes? Ces feux sont-ils rasants, fichants, directs, obliques.

Y a-t-il des couverts qui ne soient vus de nulle part?

5.º Du défilement des maçonneries.

Y a-t-il dans la campagne, à la distance de 600 mètres, des points d'où l'on puisse endommager les maçonneries? sur quelle hauteur ces maçonneries sont-elles vues?

6.º Des brèches probables.

Quelles sont approximativement, tant en hauteur qu'en longueur, les parties des revêtements que l'assiégeant peut battre en brèche de ses établissements, soit éloignés, soit sur la crête du chemin couvert, soit sur le terre-plein de l'ouvrage enveloppant celui auquel on veut faire brèche? Examiner surtout les brèches que l'on peut faire par les trouées que laissent les fossés des ouvrages extérieurs.

7.º Des feux qui défendent ces brèches.

Si les brèches étaient faites, quels feux pourraient les défendre extérieurement et intérieurement?

8.º Des feux à opposer à l'établissement de l'ennemi dans les ouvrages extérieurs.

Quels sont les feux que l'on peut diriger sur les *ouvrages extérieurs* au corps de place, pour s'opposer à l'établissement que l'ennemi peut y faire?

Défilement des terre-pleins. — Les terre-pleins des ouvrages sont-ils dérobés complètement aux vues de l'ennemi établi, soit dans la campagne, soit sur les ouvrages avancés, soit sur les ouvrages extérieurs? Sont-ils dérobés aux coups de l'ennemi dans un rayon de 1200 mètres.

Des gorges des pièces avancées. — Les gorges des *pièces avancées* sont-elles, par leur élévation ou par la disposition des ouvrages qui les protègent, à l'abri d'un coup de main?

Des communications. — Quels sont les moyens de faire arriver l'artillerie sur les ouvrages et dans le chemin couvert? Les communications pour les hommes sont-elles assez commodes? Peut-on y arriver et les parcourir sans être vu de l'assiégeant? A quels feux, au contraire, cet ennemi se trouverait-il exposé en les parcourant?

Des terre-pleins des ouvrages. — En général, les terre-pleins des ouvrages ont-ils assez de largeur pour le service de l'artillerie et les communications indispensables?

Des ponts-levis. — Les ponts-levis ferment-ils bien, et ne sont-ils pas trop exposés au canon de l'ennemi?

Des ponts-dormants. — S'il existe un pont, ne nuit-il pas à la défense du fossé? Quel moyen faudrait-il employer, dans l'occasion, pour que ce pont et ses débris cessassent de nuire?

Des poternes et galeries de mines. — Les débouchés des poternes et les entrées des galeries de mines sont-ils suffisamment couverts? Comment sont-ils défendus et par quels feux?

Chapitre 6.

DISPOSITIONS D'ORDRE.

Instruments fournis aux Élèves.

145. Il sera délivré à chaque groupe de deux Élèves pour faire le travail extérieur, *le premier jour :*

Une planchette, sa couverture et son pied;

Cinq épingles en acier;

Une alidade en bois;

Un niveau à bulle d'air dans son étui;

Une équerre d'arpenteur et son pied;

Deux fils-à-plomb;

Deux quadruple-mètres, deux double-mètres et deux mètres,

Une chaîne de 10 mètres et 10 fiches;

Vingt jalons ferrés;

Deux masses en fer;

Deux cordeaux;

Cinquante petits piquets;

Puis au fur et à mesure des demandes :

Un niveau à lunette dans sa boite et son pied;

Une mire de 4 mètres;

Un grand déclinatoire, *(pour 3 planchettes contiguës);*

Une boussole ordinaire;

Un niveau d'eau, son pied et son petit bidon; *Pour le lever*

Un voyant de mine; *des mines.*

Une lanterne et deux chandelles;

Instruments dont les Élèves doivent se munir.

146. Outre ces objets, chaque Élève devra être pourvu d'un carton portefeuille, de papier blanc, de crayons N.º 2 et 3, d'un canif, d'un compas à pointes sèches, d'une règle, d'une petite équerre, d'un double-décimètre et de gomme élastique.

147. Si le nombre des jalons et piquets est insuffisant, les Élèves en obtiendront d'autres sur un bon visé par l'officier de tournée.

148. Un sapeur sera mis à la disposition de chaque Élève pour porter les instruments et aider aux opérations du lever.

149. Les niveaux à lunette seront délivrés non rectifiés. Avant de partir pour le lever, chaque groupe d'Élèves devra rectifier le sien dans la cour de l'École, sous la direction des officiers d'état-major chargés de la surveillance des levers. Cette prescription a pour objet de s'assurer que les Élèves sont capables de faire seuls cette opération, qui devra être recommencée au commencement de chaque séance et toutes les fois que l'instrument aura éprouvé un choc quelconque.

150. Les deux Élèves d'un même groupe devront concourir également aux opérations du travail extérieur. Pour qu'il n'y ait pas de temps perdu, il est convenable d'organiser les opérations comme il suit :

Travail du 1.ᵉʳ Élève.	*Travail du 2.ᵉ Élève.*

Reconnaître ensemble le canevas, commencer le piquetage et choisir la base.

Les groupes d'Élèves dont les planchettes voisines se recouvrent, s'entendront pour ne tracer qu'un seul canevas sur les ouvrages qui leur sont communs.

Continuer le piquetage du canevas. | Continuer le piquetage du canevas.

Mesurer une partie de la base et la lever, ainsi que les points à portée, et commencer à lever et à dessiner ensemble quelques détails.

Continuer le lever du canevas.	Achever le piquetage.
Continuer le lever des détails.	Lever le détail particulier.
Lever le détail particulier.	Continuer le lever des détails.

Commencer ensemble le canevas de nivellement.

Achever le canevas de nivellement | Achever les détails sur la planchette.

Faire ensemble le nivellement de détail.

Lever ensemble les sections horizontales.

151. Les Élèves devront veiller avec le plus grand soin à la conservation des instruments qui leur sont confiés ; ils devront éviter de les

placer dans des poternes humides ; et, s'ils sont forcés de les laisser dans un corps-de-garde, ils les consigneront au chef du poste.

Dans l'intervalle des séances, aucun des instruments qui servent au lever ne devra rester sur le terrain.

Responsabilité des Élèves. — **152.** Les Élèves qui sont réunis ensemble, sont solidairement responsables de toute perte ou dégradation d'instruments qui résulterait de leur négligence.

Ils sont également responsables de toutes les dégradations qu'ils commettraient ou laisseraient commettre dans les pièces des fortifications, dans les poternes ou communications qui leur seront ouvertes.

Interruption du travail extérieur en cas de pluie. — **153.** En cas de pluie subite qui empêcherait la continuation du travail, les Élèves mettront leurs instruments à l'abri. Ils ne quitteront entièrement leur lever qu'au bout d'une demi-heure, et s'il n'y a point d'apparence de cessation de pluie. Dans ce cas, ils feront rapporter les instruments précieux au quartier, et ils se rendront aux salles d'études pendant le reste du temps assigné à chaque reprise du travail.

Approuvé par le Conseil d'Instruction :

METZ, le 13 JUIN 1848.

Le Lieutenant-Colonel d'artillerie, Directeur des Études,

BARBIER.

Metz, Imp. et Lith. de NOUVIAN.

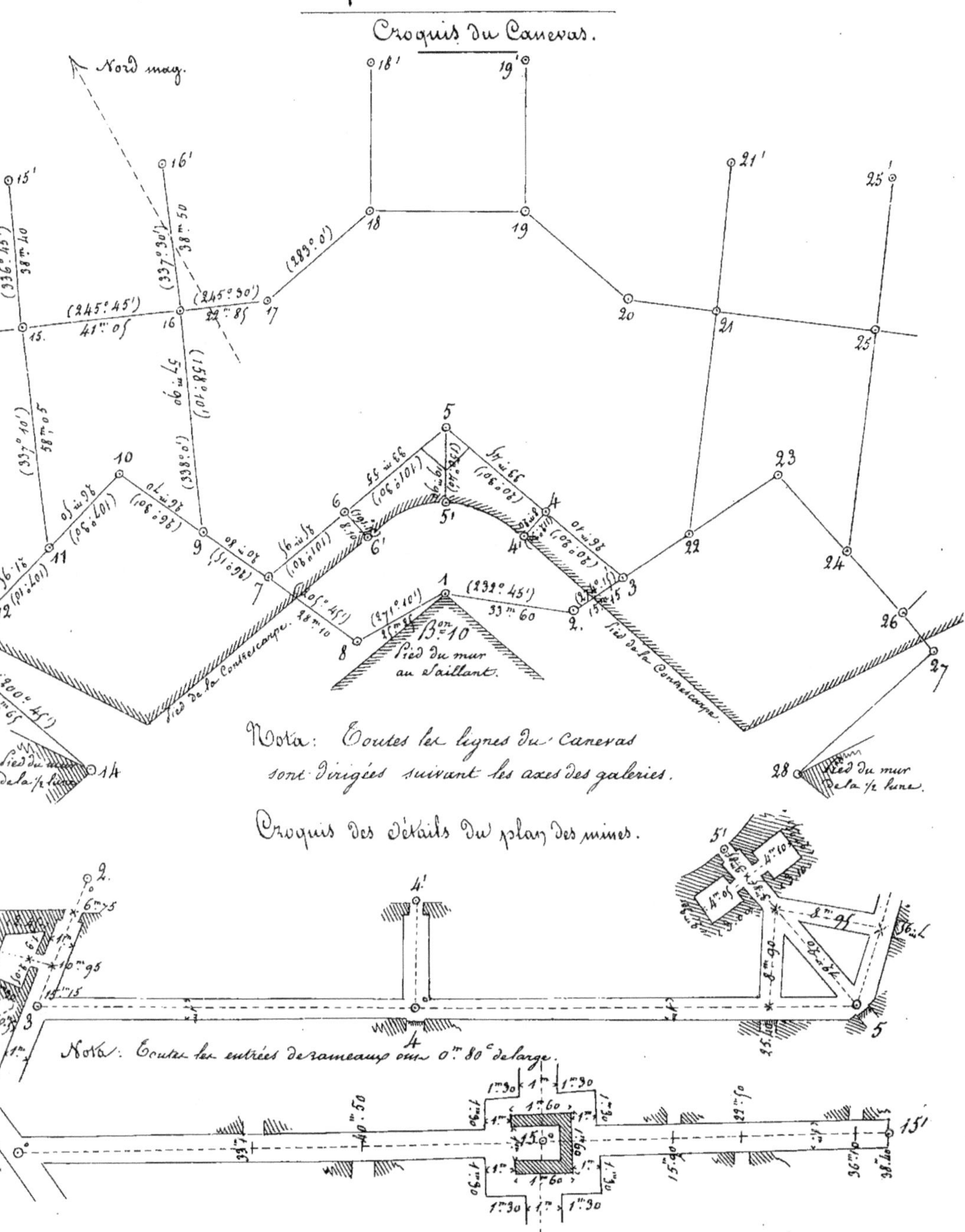

Modèle de Croquis ou levev des mines.
Croquis du Canevas.
Nord mag.
Nota: Toutes les lignes du Canevas sont dirigées suivant les axes des galeries.
Croquis des détails du plan des mines.
Pied du mur au Saillant.
B^on = 10
Pied de la Contrescarpe.
Pied de la Contrescarpe.
Pied du mur De la 1/2 lune.
Pied du mur De la 1/2 lune.
Nota: Toutes les entrées de rameaux ont 0^m 80^c de large.

Repèrement des points nivelés par cheminemens.

Points de repère.

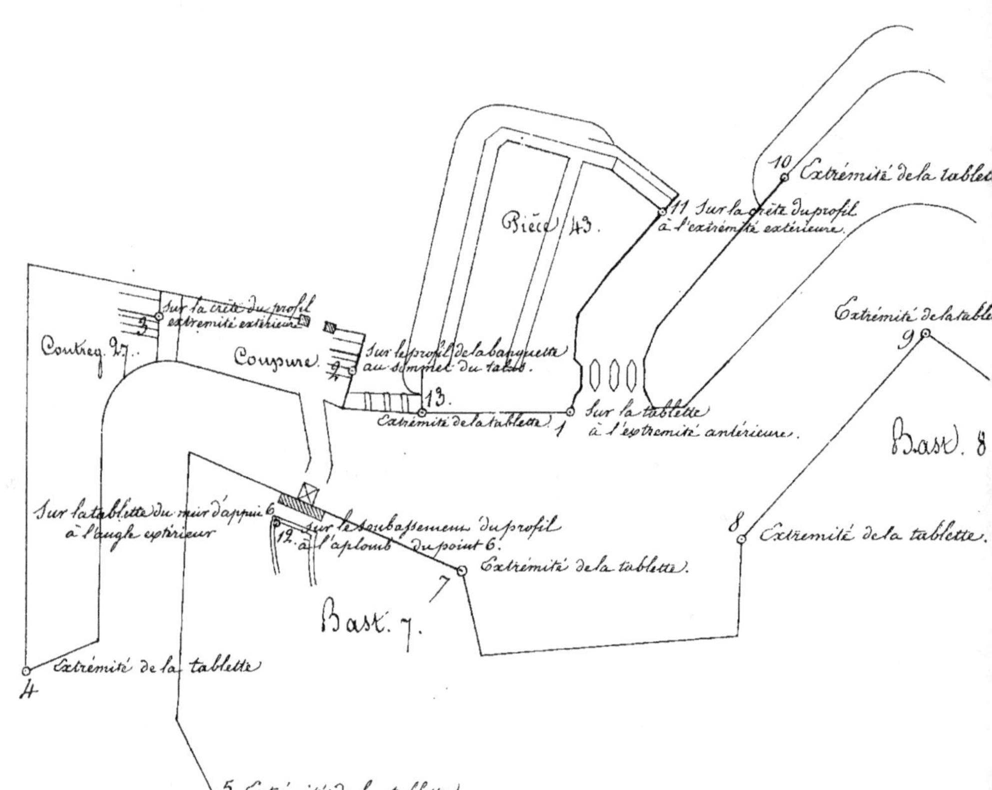

Modèle du registre du nivellement par cheminement.

Indic.? des points	Hauteurs du Voyant.	Differ. de niveau		Cotes de niveau		Observations.
		Positives	Négatives	obtenues.	rectifiées	
Polygone A partant du point A donné et se fermant au même point.						
1	1^m,273			58^m,473	58^m,473	Cote donnée.
			2^m,823			
2	−1,550					La mire était en contrebas du point 2.
				55,650	55,651	
2	3,825					
			2,879			
3	0,946					
				52,771	52,774	
3	0,443					
4	3,303	2^m,860				
				55,631	55,635	
⋮						
				58,393	58,404	
10	2,890					
			2,468			
11	0,422					
				55,925	55,938	
11	0,235					
1	2,769	2,534		58,459	58,473	Erreur de fermeture 0^m,014
Sommes des Différ.ces		10,534	10,548	58,473		Cote de départ.
Différences		−0^m,014		−0^m,014		Vérification des calculs.
Traverse a allant du point 6 au point A du polygone A.						
6	0^m,000			51,043	51,043	Cote rectifiée du polygone A
		6,969				
12	6,969					Hauteur mesurée directement.
				58,012	58,011	
12	1,073					
13	1,515	0,442				
				58,454	58,453	
13	1,243					
1	1,264	0,021				
				58,475	58,473	Erreur de fermeture 0^m,002.
Somme des Différ.		7,432	0,000	51,043		Cote de départ.
Différences		+7^m,432		+7^m,432		Vérification des calculs.

Nivellement de la Coupure de la Contregarde 27.

Indic.ⁿ des points.	Hauteurs du Voyant.	Coté du point de repère.	Coté du plan du niveau.	Cotes des points nivelés.	Observations et Désignation des points.
Rep. 2	$1^{m},553$	$55^{m},651$	$54^{m},10$		Profil à l'extrémité de la branche droite
a	3,31			$57^{m},41$	
b	1,13			55,23	
c	0,15			54,25	
d	1,55			55,65	
					Changement de Station sur repère provisoire
Rep.(c)	$2^{m},46$	$54^{m},25$	$51^{m},79$		Point c du profil précédent.
a	3,72			55,51	Profil en Capitale.
b	0,94			52,73	
d	−0,02			51,77	
e	1,30			53,09	
f	2,80			54,59	
a	2,20			53,99	Extrémité de la branche gauche.
b	1,14			52,93	Plan.
c	0,42			52,21	
d	1,73			53,52	
e	3,04			54,83	
f	3,18			54,97	
g	3,54			55,33	
					Changement de Station.
Rep 13	$3^{m},336$	$58^{m},453$	$55^{m},12$		
(g)	0,20			$55^{m},32$	Point de la station précédente (Vérif. du chemin.t)
					Terre-plein de l'ouvrage.
					Plan, &c.

REGISTRES

DU

NIVELLEMENT.

Repèrement des points nivelés par Cheminement.

Registre de nivellement par Cheminement.

Indic.ⁿ des points	Hauteurs du Voyant	Différ.ᶜᵉˢ de niveau		Cotes de niveau		Observations .
		positives.	négatives	obtenues	rectifiées.	

Repèrement des points nivelés par Cheminements.

Registre de nivellement par Cheminement.

c°	Hauteurs du Voyant	Différ.ces de niveau		Cotes de niveau		Observations .
		positives.	négatives.	obtenues.	rectifiées.	

Repèrement des points nivelés par Cheminement

...dic?. des points	Hauteurs du Voyant	Differ.ces de niveau		Cotes de niveau		Observations .
		positives.	négatives.	obtenues .	rectifiées.	

Registre de nivellement par rayonnement.

Indic.^n des Points.	Hauteurs du Voyant.	Cote du point de repère.	Cote du plan du niveau.	Cotes des points nivelés.	Observations en désignation des points.

Registre de nivellement par rayonnement.

Indic.ᵉ des points.	Hauteurs du Voyant.	Cote du point de repère.	Cote du plan du niveau.	Cotes des points nivelés.	Observations en désignation des points.

Registre de nivellement par rayonnement.

Indic. des points	Hauteurs du Voyant	Cote du point de repère	Cote du plan du niveau.	Cotes des points nivelés.	Observations et désignation des points.

Registre de nivellement par rayonnement.

... des points.	Hauteurs du Voyant.	Cote du point de repère.	Cote du plan du niveau.	Cotes des points nivelés.	Observations en désignation des points.

...	Hauteurs du Voyant.	Cote du point de repère.	Cote du plan du niveau.	Cotes des points nivelés.	Observations en désignation des points.

Registre de nivellement par rayonnement.

Indic.ⁿ des points	Hauteurs du Voyant	Cote du point de repère	Cote du plan du niveau	Cotes des points nivelés.	Observations ou désignation des points.

Indice des points.	Hauteurs du Voyant.	Cote du point de repère.	Cote du plan du niveau.	Cotes des points nivelés.	Observations en désignation des points.

Registre de nivellement par rayonnement.

Indic.ⁿ des points.	Hauteurs du Voyant.	Cote du point de repère	Cote du plan du niveau.	Cotes des points nivelés.	Observations ou désignation des points.

Indic. des points	Hauteurs du Voyant	Cote du point de repère	Cote du plan du niveau	Cotes des points nivelés	Observations ou désignation des points.

Registre de nivellement par rayonnement.

Indice des points.	Hauteurs du Voyant.	Cote du point de repère.	Cote du plan du niveau.	Cotes des points nivelés.	Observations en désignation des points.

Registre de nivellement par rayonnement.

Indic.ⁿ des points.	Hauteurs du Voyant.	Cote du point de repère	Cote du plan du niveau	Cotes des points nivelés.	Observations en désignation des points.

www.ingramcontent.com/pod-product-compliance
Lightning Source LLC
Chambersburg PA
CBHW061808050726

47598CB00002B/917